BEI GRIN MACHT SICH IHR WISSEN BEZAHLT

- Wir veröffentlichen Ihre Hausarbeit,
  Bachelor- und Masterarbeit

- Ihr eigenes eBook und Buch -
  weltweit in allen wichtigen Shops

- Verdienen Sie an jedem Verkauf

Jetzt bei www.GRIN.com hochladen
und kostenlos publizieren

Untersuchung der Unterschiede zwischen dem Management von Maschinen und dem Management von Menschen

Constantin Elven

Bibliografische Information der Deutschen Nationalbibliothek:

Die Deutsche Nationalbibliothek verzeichnet diese Publikation in der Deutschen Nationalbibliografie; detaillierte bibliografische Daten sind im Internet über http://dnb.d-nb.de abrufbar.

ISBN: 9783346812612
Dieses Buch ist auch als E-Book erhältlich.

Druck und Bindung: Books on Demand GmbH, Norderstedt Germany
Gedruckt auf säurefreiem Papier aus verantwortungsvollen Quellen

Das vorliegende Werk wurde sorgfältig erarbeitet. Dennoch übernehmen Autoren und Verlag für die Richtigkeit von Angaben, Hinweisen, Links und Ratschlägen sowie eventuelle Druckfehler keine Haftung.

Das Buch bei GRIN: https://www.grin.com/document/1325943

Assignment

Management von Maschinen und Management von Menschen

Langtitel:

Untersuchung der Unterschiede zwischen dem Management von Maschinen und dem Management von Menschen

Vorgelegt von:

Constantin Elven

AKAD University Stuttgart

Studiengang Wirtschaftsingenieurwesen – Digital Engineering (M. Eng.)

04.08.2022

Inhalt

1 Einleitung[1]

Weltweit stehen viele Unternehmen vor der schweißtreibenden Aufgabe, die vierte industrielle Revolution erfolgreich zu meistern und Herr über die zahlreichen Herausforderungen zu werden. Die Bestandteile dieser Revolution gelten als Schlüsselfaktoren für eine zukünftig erfolgreiche Unternehmensausrichtung und Konkurrenzfähigkeit. Dennoch liegt heute beispielsweise Deutschland als globaler Industriestandort beim Thema Industrie 4.0 abgeschlagen hinter verschiedenen Nationen wie der USA oder China zurück. Noch im Jahr 2014 galt der neunfache Exportweltmeister als Vorreiter auf diesem Gebiet. Diese Entwicklung zeigt den dringenden Handlungsbedarf.[2]

Allein durch die mit der Industrie 4.0 einhergehenden technischen Verbesserungen werden es die in Deutschland und auch die im übrigen Teil der Welt ansässigen Unternehmen jedoch nicht schaffen, sich in einer rentablen Situation halten zu können. Hierfür sind besonders die jeweiligen Kompetenzen der Unternehmen und die Fähigkeiten der dazugehörigen Mitarbeiter wichtig. Speziell das Management wird mit elementaren Aufgaben wie der Transformation von Geschäftsmodellen und der Entwicklung neuer Prozesse einen bedeutenden Beitrag leisten müssen. Im Zusammenhang mit der industriellen Revolution werden die zuvor beschriebenen Aufgaben der Führungspositionen unter dem Begriff Management 4.0 zusammengefasst.[3]

Im Folgenden wird nun kurz auf die zugrundeliegende Problemstellung im Zusammenhang mit der voranschreitenden Digitalisierung und den Veränderungen im Management eingegangen und zusätzlich das Ziel und das allgemeine Vorgehen für dieses Assignment beschrieben.

1.1 Problemstellung und Ziel der Arbeit

Der Begriff „Management" taucht bereits vor 3.500 Jahren bei den alten Ägyptern auf und wird schon damals im Zusammenhang mit kaufmännischen Tätigkeiten und den dazugehörigen Mitarbeitern benutzt. Auch heutzutage wird der Begriff gerade im unternehmerischen Kontext verwendet.[4] Neu ist jedoch der industrielle Wandel mit vielen neuen Aufgaben und die dazugehörige Digitalisierung des Arbeitsplatzes. Verschiedenste

---

[1] Hinweis: Zur besseren Lesbarkeit wird in der gesamten Arbeit die männliche Form verwendet. Die Angaben beziehen sich auf alle Geschlechter, sofern nicht ausdrücklich auf ein Geschlecht Bezug genommen wird.
[2] vgl. Nikelowski (2020, S.1).
[3] vgl. Prof. Dr. Henke, Dr.-Ing. Parlings (2019, S. 6).
[4] vgl. Thomas et al. (2022, S. 24 f.).

Maschinen und Roboter scheinen den klassischen Mitarbeiter obsolet zu machen.[5] Inwieweit sich diese These gänzlich bestätigt, wird sich erst in den kommenden Jahren oder Jahrzehnten zeigen.

In diesen veränderungsreichen Zeiten sind jedoch auch die aufkommenden Probleme und Fragen bezüglich des Managements wichtig. Steht das Management möglicherweise vor einer zu großen Hürde an Herausforderungen und mit welchen Herausforderungen ist grundsätzlich zu rechnen? Kann der Begriff des Managements und alles, was sich dahinter versteckt, überhaupt noch in dem Kontext einer neuen Arbeitswelt verwendet werden? Erlebt auch dieser Begriff unter Umständen einen industriellen Wandel?

Das Ziel dieser Arbeit ist es nun, die zuvor aufgezählten Fragestellungen zu beantworten. Es sollen explizit die Unterschiede und Gemeinsamkeiten des Managements von Menschen und des Managements von Maschinen herausgestellt und zusätzlich die relevanten Management-Kompetenzen im Umgang mit Maschinen und neu eingeführten Technologien verdeutlicht werden. Des Weiteren soll erarbeitet werden, inwieweit sich der Begriff des Managements auf die Arbeit mit Maschinen übertragen lässt. Nicht zuletzt sind auch potenzielle Besonderheiten und Herausforderungen aufzuzählen und die gesamten Ergebnisse der Arbeit in einem Fazit zusammenzufassen.

1.2 Geplantes Vorgehen

Zu Beginn der Arbeit wird eine Definition des Begriffes „Management" erarbeitet und anschließend die Begriffe „Industrie 4.0" und „Smart Factory" erläutert. Darauf hin werden die Herausforderungen im Bereich des Managements von Maschinen und auch von Menschen betrachtet, bevor als Nächstes die erforderlichen Kompetenzen für die zuvor dargestellten Herausforderungen beschrieben werden. Zuletzt werden die Gemeinsamkeiten und Unterschiede der beiden betrachteten Bereiche aufgezeigt und daraufhin die Ergebnisse in einem Fazit zusammengefasst.

---

[5] vgl. Metall (13.10.2021).

2 Definition des Begriffes „Management"

Bereits in Kapitel 1.1 ist die lang zurückgehende Wortbedeutung des Begriffes Management erwähnt worden. Damals ging es jedoch weniger um den Begriff selbst als um die damit zusammenhängenden Eigenschaften. So beschreibt im 15. Jahrhundert der italienische Theologe Bernhardin von Siena einen Manager als einen effizienten, hart arbeitenden Mann, welcher bereit sein muss, Verantwortung zu übernehmen und auch teilweise Risiken einzugehen hat. Zusätzlich sollte ein Manager in der Lage sein, seine Mitarbeiter zu motivieren und den Kunden einen Mehrwert zu bieten.[6]

Nimmt man nun die aktuelle Begriffsbezeichnung aus dem Duden, wird das Management als „Leitung und Führung eines Großunternehmens" mit einer zusätzlichen „Verwaltungs- und Planungsfunktion" beschrieben.[7] Andere Definitionen versuchen, Management mit Hilfe des Begriffes „Verantwortung" darzustellen. Demnach ist beispielsweise im Umgang mit Mitarbeitern und Kunden und auch bei der Erfüllung der Zielvorgaben ein umfassendes Verantwortungsbewusstsein erforderlich.[8] Zusätzlich kann das Management aus einer funktionalen und einer institutionellen Perspektive betrachtet werden. Bei der funktionalen Betrachtungsweise wird das Management als Tätigkeit beschrieben. Hierzu gehören unter anderem das Festlegen und Erreichen von Zielen sowie das Führen der Mitarbeiter. Die institutionelle Betrachtungsweise stellt das Management hingegen als geschäftsführendes Organ eines Unternehmens dar.[9]

Vergleicht man jetzt die zuvor aufgeführten Definitionen, wird zum einen deutlich, dass diese sich der Beschreibung des italienischen Theologen durchaus ähneln. Besonders die mit dem Management verbundene Verantwortung und die Mitarbeiterführung werden mehrfach erwähnt. Zum anderen zeigt sich die Vielzahl an möglichen Definitionen des Managements. Demzufolge gibt es nicht die eine Definition, sondern eine große Auswahl an teilweise auch inhaltlich sehr ähnlichen Definitionen.

Im Folgenden werden nun die wesentlichen Bestandteile der zuvor beschriebenen Definitionen wiedergeben, um ein möglichst weitreichendes Bild des Begriffes zu erhalten. Betrachtet man das Management aus funktionaler Sichtweise, zeichnet es sich im Idealfall

---

[6] vgl. Thomas et al. (2022, S. 24 ff.).
[7] vgl. Management (27.04.2018).
[8] vgl. Wieczorrek und Mertens (2011, S. 14 f.).
[9] vgl. Dr. Peter Haric (14.02.2018).

durch ein möglichst hohes Maß an vorhandenen Führungsqualitäten und Verantwortungsbewusstsein, mit einer einhergehenden Fähigkeit für Leitung und Planung sowie einem gewissen Grad an Risikobereitschaft aus. Zusätzlich sind auch Kompetenzen im Bereich der Mitarbeiterkoordination und -motivation hilfreich.

3 Betrachtung des Managements von Maschinen und des Managements von Menschen

3.1 Begriffserklärung „Industrie 4.0" und „Smart Factory"

Da die Begrifflichkeiten „Industrie 4.0" und „Smart Factory" den Hintergrund für die in Kapitel 3.2 folgende Betrachtung des Managements von Maschinen darstellen, werden diese kurz definiert und die wichtigsten dazugehörigen Eigenschaften erläutert und beschrieben.

Der Begriff der Industrie 4.0 geht grundlegend auf ein Projekt der Forschungsunion der deutschen Bundesregierung zurück, dessen Ziel es war und weiterhin ist, die vierte industrielle Revolution einzuleiten und anschließend voranzutreiben.[10] Industrie 4.0 zeichnet sich demnach durch eine Vereinigung der Produktion mit der Kommunikations- beziehungsweise der Informationstechnik aus. Hierdurch können jedoch eine Vielzahl an technologischen und logistischen Herausforderungen entstehen, welche bei einer erfolgreichen Umsetzung zu einer ganzheitlichen Automatisierung der Produktion mit intelligenten Wertschöpfungsketten führen können. [11]

Zur unterstützenden Implementierung einer Industrie 4.0 werden in dem Projekt der Bundesregierung vier Organisationsprinzipien genannt. Diese lauten: „Vernetzung", „Informationstransparenz", „Technische Assistenz" und „Dezentrale Entscheidungen". Unter der Vernetzung versteht man die Möglichkeit, dass alle Bestandteile des Produktionsprozesses miteinander verbunden sind und somit untereinander und zusätzlich auch mit Menschen kommunizieren können. Die Informationstransparenz führt bisweilen dazu, dass potenzielle Störungen oder ein möglicher Verschleiß frühzeitig erkannt werden. Des Weiteren ist es möglich, eine rein digitale Abbildung der Fertigung oder des produzierten Bauteils zu erschaffen und hierdurch beispielsweise schnellere Rückschlüsse über Probleme im Fertigungsprozess zu ziehen. Realisierbar wird dies durch eine breite Datenerfassung und einer anschließenden Möglichkeit, diese auch auszuwerten. Bei der technischen Assistenz

---

[10] vgl. Wenzel und Peter (2017, S. 1).
[11] vgl. REFA.de (19.06.2022).

geht es um die Unterstützung des Menschen durch beispielsweise Roboter. Verwendet werden könnten diese bei physisch gefährlichen Arbeiten oder auch als Beratungsunterstützung bei einer schwierigen Urteilsfindung. Zuletzt wird bei der dezentralen Entscheidung den cyberphysischen Systemen mit Hilfe von künstlicher Intelligenz eine eigenständige Entscheidungsfindung zugestanden.

Unter anderem diese vier beschriebenen Bestandteile ermöglichen es, dass viele technische Schnittstellen, welche ursprünglich von menschlicher Hand gesteuert wurden, durch die sich stetig verbessernde Technik und die voranschreitende künstliche Intelligenz geschlossen werden können. [12]

Einen wesentlichen Bestandteil der Industrie 4.0 macht die sogenannte Smart Factory aus. In dieser „intelligenten Fabrik" ist das menschliche Eingreifen im tatsächlichen Produktionsprozess nicht mehr oder nur im geringen Maße von Nöten. Der Prozess kann sich selbstständig organisieren und einzelne Maschinen sind in der Lage, eigenständig die richtigen Entscheidungen zu treffen.[13] Durch eine strukturierte Verknüpfung der Informationssysteme wird eine verbesserte und dynamischere Kommunikation der internen Objekte angestrebt. Hierdurch sind die einzelnen Objekte im Stande, die übertragenen Echtzeitinformationen zum einen zu speichern und zum anderen weiterzugeben. Aber auch die Produkte selbst können sich mit den Maschinen austauschen, um beispielsweise wichtige Informationen für den nächsten Produktionsschritt weiterzuleiten. Wie bereits zu Beginn erwähnt, wird durch diese zahlreichen Verknüpfungen das direkte menschliche Eingreifen immer weniger erforderlich.[14]

Diese technischen Verbindungen findet jedoch nicht nur ausschließlich in der Produktion statt, sondern können sich über das gesamte Unternehmen erstrecken wie beispielsweise in Bereichen der Logistik oder der Instandhaltung.

3.2 Herausforderungen im Bereich Management von Maschinen

Die vorhergegangenen Beschreibungen der Industrie 4.0 und Smart Factory haben gezeigt, dass immer mehr Aufgaben, welche zuvor von menschlicher Hand erledigt wurden, nun an Maschinen abgegeben werden. Dennoch wird auch in einem Großteil der zukünftigen Smart Factories der Mensch einen wichtigen Produktionsfaktor darstellen und trotz der sich

---

[12] vgl. Wenzel und Peter (2017, S. 1 f.).
[13] vgl. REFA.de (27.06.2022).
[14] vgl. Nikelowski (2020, S. 4).

wandelnden Mensch–Maschinen Beziehung, wird er weiterhin in planender und auch ausführender Funktion tätig sein.

Verändern werden sich allerdings die Kommunikations- und Interaktionsformen und die allgemeine Arbeitsstrukturierung innerhalb des Unternehmens. Zusätzlich können hierfür höhere Komplexitäts- und Problemlösungsanforderungen erforderlich werden. Um als Führungskraft in diesem Wandel Schritt halten zu können und auf dem aktuellen technischen Stand zu bleiben, ist ein lebenslanges Lernen erforderlich. Dies gilt allerdings nicht nur ausschließlich für Führungskräfte, sondern ist auf jeden Mitarbeiter im Unternehmen übertragbar. Die zuvor beschriebenen Veränderungen können jedoch auch negative Konsequenzen nach sich ziehen. Denn durch eine steigende technische Integration und Virtualisierung kann es gegebenenfalls zu einem Verlust der Handlungskompetenz kommen sowie zu einer Entfremdung von der eigenen Berufstätigkeit.[15]

Ein zusätzlicher Bestandteil beim Management von Maschinen sind die sogenannten „hybriden Teams". Hierbei bringen sowohl Menschen als auch Maschinen ihre charakteristischen Eigenschaften mit ein. Wohingegen sich Menschen größtenteils um Tätigkeiten wie Planung und Überwachung kümmern, werden von Maschinen beziehungsweise Robotern körperlich fordernde Aufgaben übernommen. Klassische Planungs- und Überwachungstätigkeiten, welche beispielsweise auf die Betriebsleitungsebene zukommen können, sind KPI-Ermittlung, Qualitätsmanagement oder die konkrete Durchführungssteuerung. Unterstützen kann hierbei das KI-gestützte Manufacturing Execution System, kurz MES, welches eine Weiterentwicklung des klassischen MES ist. Auch im Bereich des Top-Managements kommen bei planerischen oder analytischen Aufgaben verschiedene Formen künstlicher Intelligenz zum Einsatz wie beispielsweise das Enterprise-Resource-Planning System. Essenzielle Entscheidungen im strategischen Management werden bisher allerdings nur von natürlicher Intelligenz getroffen.[16]

Weiter lassen sich Herausforderungen in der operativen Ebene an den Mensch-Maschinen Schnittstellen herausstellen. Bezüglich eines technisch optimierten Systembetriebes kann grundsätzlich nicht davon ausgegangen werden, dass die überwachende Person immer in der Lage ist, in wirklich allen Situationen die richtige Entscheidung zu treffen. Sind beispielsweise

---

[15] vgl. Botthof und Hartmann (2015, S. 24 ff.).
[16] vgl. Cisek (2021, S. 120 ff.).

die funktionale und informationelle Distanz zu groß oder kann die Person den Anlagezustand nicht korrekt deuten, können sich fatale Fehler einschleichen. Dies bezieht sich jedoch fast ausschließlich auf schwer bis gar nicht zu bewältigen Situationen während eines Störungsfalls und muss kein Indiz für einen weniger gut ausgebildeten Mitarbeiter sein. Der Normalbetrieb einer Digital Factory mit vollautomatisierten und routinierten Prozessen ist für den Mitarbeiter hingegen gut beherrschbar. In der Automationsforschung wird bei diesen Gegensätzen von „ironies of automation" gesprochen.[17]

Im letzten Punkt bezüglich der Herausforderungen im Bereich des Managements von Maschinen geht es weniger um die Steuerung von Maschinen und Robotern, sondern um den Schutz und die Pflege dieser. Denn laut der deutschen Akademie der Technikwissenschaften kann die Implementierung der Industrie 4.0 nur mit einer funktionierenden Instandhaltung gelingen. Die Weiterentwicklung der Instandhaltung zur Smart Maintenance ist demnach für eine Smart Factory überlebenswichtig. Hier wird es zu der Herausforderung kommen, die Daten der Maschinen zu überwachen und auszuwerten, um mögliche Ausfälle frühzeitig vorherzusagen und somit einen Maschinenstillstand abzuwenden. Die folgende Darstellung zeigt die wichtigsten Punkte für dieses Vorhaben.[18]

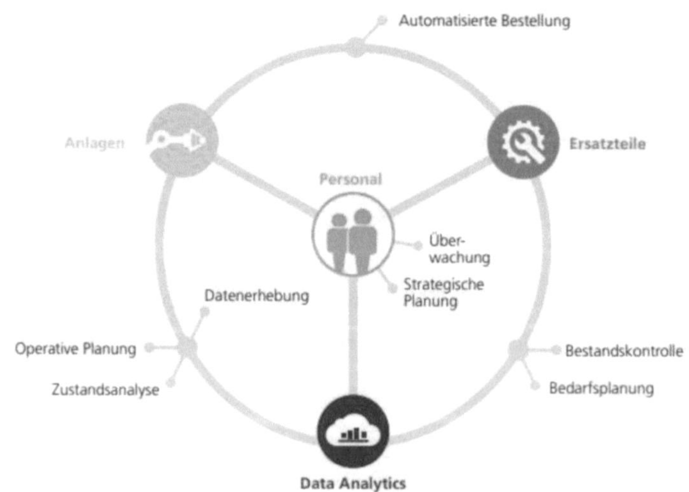

Abbildung 1: Darstellung eines potenziellen Netzwerkes der Smart Maintenance. Quelle: (Nikelowski 2020, S. 6)

---

[17] vgl. Botthof und Hartmann (2015, S. 90 ff.).
[18] vgl. Nikelowski (2020, S. 5 ff.).

Wie bereits erwähnt, sind Analyse und Überprüfung der Maschinendaten essenziell, um zum einen den Zustand der Maschine richtig einschätzen zu können und zum anderen eine automatisierte Ersatzteilbestellung zu ermöglichen. Im Inneren des dargestellten Kreises steht demnach der wichtigste Faktor für die Instandhaltung, das Personal. Da ohne Personal zumindest bisher noch keine vollständig automatisierte Überwachung und Pflege möglich ist, liegt dies im Verantwortungsbereich des Menschen, wodurch dieser zum Bindeglied zwischen den Anlagen, den Ersatzteilen und der Datenanalyse wird.[19]

Insgesamt zeigt sich, dass es eine Vielzahl an Herausforderungen und ein hohes Maß an Verantwortung im Bereich des Managements von Maschinen benötigt wird. Der Mensch nimmt hierbei häufig eine planerisch-schöpferische Tätigkeit ein und versucht hierdurch mögliche Probleme zu lösen beziehungsweise sie erst gar nicht aufkommen zu lassen. Durch die Verknüpfung vieler Prozesse kann der Wirkungs- und Verantwortungsbereich insgesamt immer größer werden, wodurch der Mensch als letzte Instanz innerhalb des Geflechts von Menschen und Maschinen zu einer Art kreativem Problemlöser gemacht wird.[20]

3.3 Herausforderungen im Bereich Management von Menschen

Im Zuge der Digitalisierung kommen auch beim Management von Menschen verschiedene Herausforderungen auf. Beispielsweise kann der schnelle Wandel bei Mitarbeitern zu Ängsten und Sorgen führen. Aufkommende Fragen könnten wie folgt aussehen:

- Wie verändert sich mein Arbeitsplatz?
- Werde ich meinen Arbeitsplatz verlieren?
- Wie wird die Zusammenarbeit mit Maschinen und Robotern aussehen?

Um diesen und weiteren möglichen Sorgen entgegenzuwirken, brauchen die Mitarbeiter neben den klassischen technischen Weiterbildungen eine zusätzliche Sensibilisierung und weitere Unterstützungsmöglichkeiten. Im Idealfall wird diese Hilfestellung von Führungspositionen übernommen, wodurch diese sich im Bereich das Managements 4.0 wiederfinden.[21]

Eine weitere aufkommende Schwierigkeit kann sich innerhalb eines Unternehmens auf Grund von geplanten Veränderungen zeigen. Demnach können diese zukünftigen Veränderungen

---

[19] vgl. Nikelowski (2020, S. 7).
[20] vgl. Bauernhansl et al. (2014, S. 218 f.).
[21] vgl. Fraunhofer IML (S. 1 f.).

durch mögliche Widerstände boykottiert werden. Dies kann daraus resultieren, dass seit Jahren erarbeitetes Wissen und Können im Zuge der Industrie 4.0 durch beispielsweise maschinelles Lernen deutlich im Wert herabgesetzt wird. Die Mitarbeiter fühlen sich gegebenenfalls hintergangen oder sind verunsichert. Anschließend ist es möglich, dass diese Gefühle in einer Abwehrhaltung oder auch einem allgemein defensiven Denken münden können. Wird hier keine Aufklärungsarbeit geleistet, verstärken sich diese Widerstände, was auf lange Sicht zu einem Niedergang des Unternehmens führen kann. Erneut ist hier die Anpassung des Managements hin zu einer moderneren und digital affinen Art der Führung wichtig. Demnach profitieren auch die Mitarbeiter durch vermehrte Aufklärung, Fortbildungsmöglichkeiten und auch von einer offenen Kommunikation bezüglich geplanter Projekte und Umstrukturierungen.[22]

Trotz aller geplanten Veränderung ist es wichtig, die Mitarbeiter nicht durch eine Flut an Ideen und Erwartungen zu überfordern. Häufig setzt das Management die Anforderungen zu hoch an, wodurch die Belegschaft eher demotiviert wird und sich im schlechtesten Fall widersetzt. Dies kann dann zu den im vorherigen Absatz beschriebenen Problemen führen.[23]

3.4 Erforderliche Kompetenzen

Wie die vorhergegangenen Kapitel gezeigt haben, bringt das Management von Menschen und Maschinen und die dazugehörige Umstrukturierung zur Industrie 4.0 eine Vielzahl an verschiedenen Herausforderungen mit sich. Zusätzlich zu der Tatsache, dass sich das Management der Industrie 4.0 sogar noch langsamer entwickelt als die eigentliche Technologie selbst, was den großen Handlungsbedarf in diesem Bereich zeigt.[24] Um all den Anforderungen gerecht zu werden, bedarf es neuer Kompetenzen, welche im Folgenden erläutert werden.

Eine bereits in Kapitel 3.2 beschriebene Thematik ist das lebenslange Lernen. Hierdurch wird es ermöglicht, die geistige und auch körperliche Leistungsfähigkeit länger aufrechtzuerhalten und auch zu verbessern. Mögliche Beispiele für diese Selbstoptimierung könnten kommunikative Kompetenzen, Komplexitäts- und Problemlösungsanforderungen oder auch Fähigkeiten für eigenständiges Handeln sein. Selbstverständlich ist für ein lebenslanges Lernen ein gewisses Maß von Fleiß, Ehrgeiz und Eigeninitiative von Nöten, um die

---

[22] vgl. Huber (2018, S. 126 f.).
[23] vgl. Wagner (2018, S. 46).
[24] vgl. Prof. Dr. Henke, Dr.-Ing. Parlings (2019, S. 6).

gewünschten Ziele zu erreichen. [25] Büttner und Brück haben diese Eigenschaften unter dem Begriff „Industrie 4.0-Kompetenz" zusammengefasst. Speziell wurde noch „Motivation" mit zu den drei bereits erwähnten Eigenschaften hinzugefügt. Denn sind Mitarbeiter nicht motiviert beziehungsweise ist das Management nicht im Stande, die Mitarbeiter zu motivieren, kann kein kontinuierlicher Qualifikationsaufbau geschehen.[26]

Da es im Zuge der Digitalisierung möglich ist, dass einige Unternehmensbereiche oder Prozesse zusammengelegt, neue Maschinen oder sogar künstliche Intelligenz eingeführt werden und hierdurch auch der allgemeine Verantwortungsbereich wächst, kann es wichtig sein, sich nicht mehr nur auf einem Gebiet zu spezialisieren. Alternativ sind sogenannte Generalisten gefragt, welche mit einem breiten Verständnis von beispielsweise ganzen Produktionsprozessen oder auch Logistikanforderungen überzeugen können. Des Weiteren ist auch ein kommunikativer Aspekt zu berücksichtigen. Denn durch einen steigenden Verantwortungsbereich steigen tendenziell auch die Interaktionen mit verschiedenen Unternehmensbereichen und dazugehörigen Personengruppen.[27] Gegebenenfalls lassen sich durch diese breitgefächerten Qualifikationen auch die Schwierigkeiten mit den ironies of automation verringern. Da bei auftretenden Problemen auf einen größeren Wissensschatz zurückgegriffen werden kann, hat dies unter Umständen einen positiven Beitrag zur schnelleren Lösung des Problems.

Darüber hinaus sind laut der Unternehmensberatung Russel Reynolds Associates Persönlichkeitsmerkmale wie Mut und Innovationskraft besonders gefragt und können speziell im Bereich des Managements 4.0 einen positiven Effekt bewirken. Denn gerade veränderungsreichen Zeiten sind Ideen und das „out of the box Denken" gefragt. Sollte ein geplanter Ansatz dennoch scheitern, ist es wichtig, nicht den Mut zu verlieren und gegebenenfalls andere Ansätze auszuprobieren. Dies erfordert allerdings auch die volle Unterstützung der Unternehmensleitung, da es hier sonst zu Unstimmigkeiten kommen kann.[28]

Zuletzt ist es besonders relevant, die Mitarbeiterakzeptanz für neue Digitalisierungsprojekte zu erhöhen und das allgemeine Vertrauen in neue technische Ansätze zu stärken. Um hierbei

---

[25] vlg. Botthof und Hartmann (2015, S. 25 ff.).
[26] vgl. Vogel-Heuser und Bauernhansl (2017, S. 49).
[27] vgl. Botthof und Hartmann (2015, S. 92).
[28] vgl. Granig et al. (2018, S. 140 ff.).

alle Mitarbeiter mit einzubinden und bei offenen Fragen, Unsicherheiten oder Ängsten aufklärend zur Seite zu stehen, ist besonders eine offene und ehrliche Kommunikation elementar sowie grundsätzlich eine hohe soziale und emotionale Kompetenz.[29]

4 Aufkommende Unterschiede und Gemeinsamkeiten

4.1 Aufkommende Unterschiede

Bei der Betrachtung des Managements von Menschen und des Managements von Maschinen konnten einige Gemeinsamkeiten, aber auch Unterschiede aufgedeckt werden. Ein deutlicher Unterschied ist die Datenerfassung. Im Zuge der Industrie 4.0 geschieht diese Datenerfassung in den jeweiligen Smart Factories automatisch und daher kann beim Management von Maschinen auf eine große Datengrundlage zurückgegriffen werden. Obwohl auch bei den bisher vorherrschenden Standardunternehmen grundsätzlich eine Datengrundlage sowohl für das Management von Menschen als auch das Management von Maschinen vorliegt, dürfte diese in den stark vernetzten Smart Factories deutlich detaillierter sein. Demnach kann hier das Management schneller ineffiziente Maschinenabläufe oder anderweitige Probleme erkennen und im Anschluss geeignete Verbesserungsvorschläge vorbringen. Somit kann beim Management von Maschinen deutlich schneller und effektiver auf Probleme reagiert werden.[30]

Neben der besseren Problemerkennung muss gegebenenfalls beim Management von Maschinen nicht so schnell und kurzfristig auf Ausfälle oder kaputte Maschinen reagiert werden, da durch die Datenerfassung der Maschinen rechtzeitig eine Wartung oder Instandhaltung angesetzt werden kann. Hierdurch lässt sich besser Planen und im Umkehrschluss auch Geld einsparen. Diese Planbarkeit von Maschinenausfällen gibt es jedoch bei Menschen nicht, wodurch man beim Management von Menschen durchaus zu kurzfristigeren Reaktionen gezwungen werden kann. [31]

Wie die vorhergegangenen Unterkapitel gezeigt haben, spielt beim Management von Menschen die emotionale Ebene eine große Bedeutung. Menschen müssen teilweise erst von neuen Innovationen überzeugt werden, können unter Umständen trotzig oder nachtragend reagieren und sich im schlimmsten Fall nicht an Arbeitsanweisungen halten. Ganz im

---

[29] vgl. Huber (2018, S. 132 f.).
[30] vgl. Nikelowski (2020, S. 8 ff.).
[31] vgl. ebd. (S. 10 f.).

Gegensatz zu Maschinen oder Robotern, da diese unkompliziert ihre Aufgaben erledigen, sofern sie technisch intakt sind und korrekt bedient werden.

Da der Mensch bei Entscheidungen, welche keinem klaren Denkmuster folgen und viele Unsicherheiten mit sich bringen, immer noch den Maschinen überlegen zu sein scheint, setzt das Management hierbei auf natürliche Intelligenz. Hingegen bei körperlich anstrengenden oder monotonen Aufgaben werden vom Management vermehrt Maschinen und Roboter eingesetzt. Das Management traut den Menschen auf planerischer und organisatorischer Ebene somit deutlich mehr zu als den Maschinen.[32]

4.2 Aufkommende Gemeinsamkeiten

Eine Gemeinsamkeit, welche sowohl das Management von Menschen als auch von Maschinen betrifft, bezieht sich auf Fortbildungen und Schulungen. Denn bei der Zusammenarbeit mit Menschen und auch mit Maschinen ist es äußerst wichtig, sich den aktuellen Wissensstand anzueignen, um sich weiterhin gegen die Konkurrenz behaupten zu können und zusätzlich die klassischen Managementaufgaben wie Leitung, Planung und Mitarbeiterkoordination reibungslos zu bewältigen.[33]

Dies trifft zusätzlich auch auf die erforderlichen Kompetenzen zu. Denn beispielsweise Mut, Innovationskraft und ein allgemein guter Überblick über unternehmensbezogene Zusammenhänge hilft sowohl im Umgang mit Menschen als auch Maschinen. Doch auch eine gut ausgeprägte soziale Kompetenz hat in beiden Bereichen einen wichtigen Stellenwert, da auch in einer sehr automatisierten Smart Factory weiterhin Mitarbeiter anwesend sein werden.

Speziell die Thematik des lebenslangen Lernens findet sich in beiden Managementbereichen wieder und umfasst nahezu alle relevanten Aspekte.[34]

5 Fazit

Die vorhergegangenen Kapitel haben gezeigt, dass durch die Implementierung verschiedener Industrie 4.0 Ansätze viele Herausforderungen sowohl auf das Management von Maschinen als auch auf das Management von Menschen warten. Auf der einen Seite muss sich das Management von Menschen mit den Sorgen und Ängsten der Mitarbeiter beschäftigen und

---

[32] vgl. Vogel-Heuser und Bauernhansl (2017, S. 171).
[33] vgl. Nikelowski (2020, S. 14).
[34] vgl. Botthof und Hartmann (2015, S. 27).

die Belegschaft aber gleichzeitig auch weiterbilden. Auf der anderen Seite muss das Management von Maschinen auf die sich stark wandelnden Interaktionsformen reagieren und sieht sich zusätzlich mit noch komplexeren Problemstellungen konfrontiert als zuvor. Ob all diese Herausforderungen eine zu große Hürde für das Management darstellen, wird sich in Zukunft zeigen. Dennoch hat sich in beiden Bereichen das lebenslange Lernen als Grundlage für Erfolg herausgestellt und auch ein mutiges Auftreten gepaart mit einer hohen sozialen Kompetenz sind sehr relevant.

Nach der Definition in Kapitel 2 lässt sich das Management als eine Fähigkeit für Leitung und Planung mit hohem Verantwortungsbewusstsein und dazugehörigen Kompetenzen beschreiben. Dies trifft sowohl auf beide dargestellte Managementbereiche zu, wodurch der Begriff auch weiterhin sehr gut in Verbindung mit Menschen und Maschinen genutzt werden kann. Da jedoch beim Management von Maschinen der Mensch immer noch eine Rolle spielt und sich das Management nicht direkt an die Maschinen selbst wendet, sondern eher an einen dafür zuständigen Mitarbeiter, könnte gegebenenfalls der Ausdruck „Management **mit** Maschinen" passender sein.

Abschließend lässt sich sagen, dass das Management versucht, eine Symbiose zwischen Menschen, Technik und der gesamten Organisation herzustellen. Hierfür braucht es in Zukunft die beschriebenen Kompetenzen, weitergehende Entwicklung und Forschung sowie das nicht endende Lernen im Bereich Mensch-Maschine.

6   Literaturverzeichnis

Bauernhansl, Thomas, Michael ten Hompel, und Birgit Vogel-Heuser. 2014. *Industrie 4.0 in Produktion, Automatisierung und Logistik*. Wiesbaden: Springer Fachmedien Wiesbaden.

Botthof, Alfons und Ernst Andreas Hartmann. 2015. *Zukunft der Arbeit in Industrie 4.0*. Berlin, Heidelberg: Springer Berlin Heidelberg.

Cisek, Günter. 2021. *Machtwechsel der Intelligenzen*. Wiesbaden: Springer Fachmedien Wiesbaden.

Dr. Peter Haric. 2018. Definition: Management. *Springer Fachmedien Wiesbaden GmbH,* https://wirtschaftslexikon.gabler.de/definition/management-37609, Zugegriffen: 16. Juni 2022.

Fraunhofer IML. Das neue Management. 10 Thesen zum Management der Industrie 4.0.

Granig, Peter, Erich Hartlieb, und Bernhard Heiden. 2018. *Mit Innovationsmanagement zu Industrie 4.0*. Wiesbaden: Springer Fachmedien Wiesbaden.

Huber, Walter. 2018. *Industrie 4.0 kompakt – Wie Technologien unsere Wirtschaft und unsere Unternehmen verändern*. Wiesbaden: Springer Fachmedien Wiesbaden.

Management, 2018, https://www.duden.de/rechtschreibung/Management, Zugegriffen: 15. Juni 2022.

Metall, Redaktion Ig. 2021. Kostet mich die Digitalisierung den Arbeitsplatz? *IG Metall,* https://www.igmetall.de/politik-und-gesellschaft/zukunft-der-arbeit/digitalisierung/kostet-mich-die-digitalisierung-den-arbeitsplatz, Zugegriffen: 15. Juni 2022.

Nikelowski, Lukas. 2020. *Der Weg zur Smart Factory*. Fraunhofer-Gesellschaft.

Prof. Dr. Henke, Dr. Ing. Parlings. 2019. Management der Industrie 4.0. *VWI Fokusthema - Band 1*.

REFA.de. 2022. Industrie 4.0 Seminare inklusive REFA-Zertifikat | REFA. https://refa.de/seminare/kompaktseminare/industrie-4-0. Zugegriffen: 19. Juni 2022.

REFA.de. 2022. Smart Factory. https://refa.de/service/refa-lexikon/smart-factory. Zugegriffen: 27. Juni 2022.

Thomas, Howard, Eric Cornuel, und Matthew Wood (Hrsg.). 2022. *The value & purpose of management education. Looking back and thinking forward in global focus*. New York NY: Routledge.

Vogel-Heuser, Birgit und Thomas Bauernhansl. 2017. Handbuch Industrie 4.0. Allgemeine Grundlagen. Wagner, Rainer Maria. 2018. *Industrie 4.0 für die Praxis*. Wiesbaden: Springer Fachmedien Wiesbaden. Wenzel, Sigrid und Tim Peter. 2017. *Simulation in Produktion und Logistik 2017*. kassel university press. Wieczorrek, Hans W. und Peter Mertens. 2011. *Management von IT-Projekten*. Berlin, Heidelberg: Springer Berlin Heidelberg.

BEI GRIN MACHT SICH IHR WISSEN BEZAHLT

- Wir veröffentlichen Ihre Hausarbeit,
  Bachelor- und Masterarbeit

- Ihr eigenes eBook und Buch -
  weltweit in allen wichtigen Shops

- Verdienen Sie an jedem Verkauf

Jetzt bei www.GRIN.com hochladen
und kostenlos publizieren